Balas Piyushkumar
Makavana Jugubhai

Efeito do sombreamento em módulos solares fotovoltaicos ligados em série e em paralelo

Balas Piyushkumar
Makavana Jugubhai

Efeito do sombreamento em módulos solares fotovoltaicos ligados em série e em paralelo

ScienciaScripts

Imprint
Any brand names and product names mentioned in this book are subject to trademark, brand or patent protection and are trademarks or registered trademarks of their respective holders. The use of brand names, product names, common names, trade names, product descriptions etc. even without a particular marking in this work is in no way to be construed to mean that such names may be regarded as unrestricted in respect of trademark and brand protection legislation and could thus be used by anyone.

Cover image: www.ingimage.com

This book is a translation from the original published under ISBN 978-613-7-99418-4.

Publisher:
Sciencia Scripts
is a trademark of
Dodo Books Indian Ocean Ltd. and OmniScriptum S.R.L publishing group

120 High Road, East Finchley, London, N2 9ED, United Kingdom
Str. Armeneasca 28/1, office 1, Chisinau MD-2012, Republic of Moldova, Europe
Printed at: see last page
ISBN: 978-620-8-14764-8

ÍNDICE

NOMENCLATURA

AC	: Alternating Current
Ah	: Ampere hour
a-Si	: Amorphous silicon
C.A.E.T	: College of Agricultural Engineering and Technology
CdTe	: Cadmium Telluride
CulnSe2 or CIS	: Copper Indium Diselenide
DC	: Direct Current
Dr.	: Doctor
EFG	: Edge-defined Film-fed Growth
Er	: Engineer
et al	: and others
etc.	: Etcetera
Fig.	: Figure
GaAs	: Gallium Arsenide
Hrs	: Hours
I	: Current
i.e.	: (id est.) That is
Isc	: Short circuit current
J.A.U	: Junagadh Agriculture University
kWh/m2/day	: kilowatt hour per square meter per day
l	: Length
MPPT	: Maximum Power Point Tracking
No.	: Number
Prof.	: Professor
PV	: Photovoltaic
PW	: Peta Watt
RE & RE	: Renewable Energy and Rural Engineering
SPV	: Solar Photo Voltaic
SPVA	: Solar Photo Voltaic Arrey
Sr.	: Serial
STC	: Standard Testing Condition

TW	: Tera Watt
UV	: Ultra Violate
V	: Volt
Voc	: Open circuit voltage
W	: Watt
w	: Width
Wp	: Peak Watt
No.	: Number
Ω	: Ohm
/	: Per
&	: And
°C	: Degree Centigrade
%	: Percent

PREFÁCIO

O aumento dos preços dos combustíveis fósseis e a consciencialização do aquecimento global chamaram a atenção para a utilização de células solares fotovoltaicas como fonte alternativa de energia eléctrica. A determinação experimental da caraterística tensão-corrente de um painel solar é efectuada neste estudo experimental e fornece, em primeiro lugar, o efeito do sombreamento no módulo fotovoltaico e, em segundo lugar, o aumento da potência da ligação em série e em paralelo do módulo fotovoltaico em condições de sombreamento utilizando um díodo e este díodo pode funcionar como um díodo de passagem na ligação em série do módulo fotovoltaico. Este estudo experimental avalia a potência do módulo fotovoltaico sob a condição de sombreamento de 1 célula solar, 2 células solares, 4 células solares, 9 células solares e também avalia que a potência do módulo fotovoltaico sob sombreamento de comprimento é um pouco maior do que o sombreamento de largura no caso de sombreamento de 9 células. Os resultados indicam que a potência do sistema solar fotovoltaico melhora em condições de sombreamento com a ajuda de um díodo de derivação num módulo FV ligado em série. Este estudo também avalia que a potência máxima pode ser obtida a partir de módulos solares fotovoltaicos ligados em paralelo.

CAPÍTULO 1

INTRODUÇÃO

1.1 Energia solar

A energia solar é, muito simplesmente, a energia produzida diretamente pelo Sol e recolhida noutro local, normalmente a Terra. O Sol produz a sua energia através de um processo termonuclear que converte cerca de 650 000 000 de toneladas de hidrogénio em hélio em cada segundo, o que gera calor e radiação electromagnética. O calor permanece no Sol e é fundamental para manter a reação termonuclear. A radiação electromagnética (incluindo a luz visível, os infravermelhos e a radiação UV) é transmitida para o espaço em todas as direcções. Apenas uma fração muito pequena da radiação total produzida chega à Terra. Devido à natureza da energia solar, são necessários dois componentes para ter um gerador de energia solar funcional. Estes dois componentes são um painel e uma unidade. O painel simplesmente recolhe a radiação que incide sobre ele e converte uma fração dessa radiação noutras formas de energia (em eletricidade). A unidade de armazenamento é necessária devido à natureza não-constante da energia solar; num determinado momento, será recebida uma quantidade muito pequena de radiação. Por exemplo, à noite ou durante um período de nuvens carregadas, a quantidade de energia produzida pelo painel será muito pequena. A unidade de armazenamento pode reter o excesso de energia produzida durante o período de produtividade máxima e libertá-la quando a produtividade diminuir.

1.2 Vantagens e desvantagens dos painéis solares

1.2.1 Vantagens dos painéis solares

Os 122 PW de luz solar que atingem a superfície da Terra são abundantes em comparação com os 13 TW de energia média consumida pelos seres humanos. A energia solar é isenta de poluição durante a sua utilização. Os resíduos e as emissões no final da produção podem ser geridos utilizando os controlos de poluição existentes. Estão a ser desenvolvidas tecnologias de reciclagem em fim de utilização. As instalações podem funcionar com pouca manutenção ou intervenção após a instalação inicial.

A produção de eletricidade solar é economicamente competitiva onde a ligação à rede ou o transporte de combustível é difícil, dispendioso ou impossível. Os exemplos incluem satélites, comunidades insulares, locais remotos e navios oceânicos. A eletricidade de custo mais elevado durante os períodos de pico de procura (na maioria dos casos, quando ligada à rede, a produção de eletricidade solar pode deslocar regiões climáticas), pode reduzir a carga da rede e pode eliminar a necessidade de baterias locais para utilização em períodos de escuridão e de elevada procura local;

esta aplicação é incentivada pela contagem líquida. A contagem líquida do tempo de utilização pode ser altamente favorável a pequenos sistemas fotovoltaicos. A eletricidade solar ligada à rede pode ser utilizada localmente, minimizando assim as perdas de transmissão/distribuição (aproximadamente 7,2%). Uma vez gasto o custo de capital inicial da construção de uma central de energia solar, os custos de funcionamento são baixos quando comparados com as tecnologias de energia existentes.

1.2.2 Desvantagens dos painéis solares

Densidade de potência limitada: A insolação média diária é de 3 a 7 kWh/m^2 utilizável por painéis solares com uma eficiência de 7 a 17,7%. Intermitência: Não está disponível durante a noite e é reduzida quando há nuvens, diminuindo a fiabilidade do desempenho no pico da produção ou exigindo um meio de armazenamento de energia. Para que as redes eléctricas se mantenham sempre funcionais, a adição de quantidades substanciais de eletricidade produzida por energia solar exigiria a expansão de instalações de armazenamento de energia, de outras fontes de energia renováveis ou a utilização de centrais eléctricas convencionais de reserva. Há um custo energético para manter "quentes" as centrais eléctricas a carvão, o que inclui a queima de carvão para manter as caldeiras à temperatura. No entanto, as centrais eléctricas a gás natural podem atingir rapidamente a carga máxima sem necessitar de um período de inatividade significativo.

As localizações a altas latitudes ou com grande cobertura de nuvens oferecem um potencial reduzido para a utilização da energia solar. Tal como a eletricidade proveniente de centrais nucleares ou de combustíveis fósseis, só pode ser utilizada de forma realista para alimentar veículos de transporte através da conversão da energia luminosa noutra forma de energia (por exemplo, eletricidade armazenada em baterias ou eletrólise da água para produzir hidrogénio) adequada ao transporte.

As células solares produzem corrente contínua, que deve ser convertida em corrente alternada quando utilizada nas redes de distribuição atualmente existentes. Isto implica uma penalização energética de 4 a 12%.

1.3 Célula fotovoltaica

Uma célula fotovoltaica (também designada por célula solar) é um dispositivo elétrico de estado sólido que converte a energia da luz diretamente em eletricidade através do efeito fotovoltaico. Quando a luz do sol incide nas células solares, estas geram eletricidade de corrente contínua. O efeito fotovoltaico é a geração de uma força eletromotriz devido à absorção da radiação ionizante. O efeito fotovoltaico é melhor realizado pelas células feitas de materiais semicondutores. A maioria das células solares é fabricada a partir do semicondutor silício. Outros materiais semicondutores são o arsenieto de gálio, o sulfato de cobre, etc. As células solares são essencialmente finas bolachas de silício. Estas células, quando ligadas em série e em paralelo, constituem um painel solar. Os dois tipos de painéis solares mais utilizados são (1) células de silício cristalino e (2) células de película fina. Uma série destes painéis forma uma matriz solar. O sistema fotovoltaico (PV) tem uma vida útil longa, baixos custos de manutenção, não tem partes móveis e não cria poluição, mas tem um custo de capital relativamente elevado e uma eficiência inferior. Um sistema fotovoltaico pode ser instalado no local e não necessita de ligação à rede.

1.4 Tipos de materiais para células solares

As células solares são feitas de materiais semicondutores. Os principais tipos de materiais são os cristalinos e as películas finas, que variam entre si em termos de eficiência de absorção da luz, eficiência de conversão de energia, tecnologia de fabrico e custo de produção

1.4.1 Materiais cristalinos

1.4.1.1 Silício monocristalino

As células de silício monocristalino são as mais comuns na indústria fotovoltaica. A principal técnica de produção de silício monocristalino é o método Czochralski (CZ). O policristalino de alta pureza é fundido num cadinho de quartzo. Uma semente de silício monocristalino é mergulhada nesta massa fundida de policristalino. À medida que a semente é retirada lentamente da fusão, forma-se um lingote de cristal único. Os lingotes são então serrados em bolachas finas com cerca de 200-400 micrómetros de espessura. As bolachas finas são depois polidas, dopadas, revestidas, interligadas e montadas em módulos e matrizes.

O silício monocristalino tem uma estrutura molecular uniforme, o que resulta numa maior eficiência de conversão de energia em comparação com materiais não cristalinos. A eficiência dos módulos de silício simples varia entre 15 e 20%. Além de serem energeticamente eficientes, os módulos de silício simples são altamente fiáveis para aplicações de energia no exterior. Cerca de metade do custo de fabrico provém do wayfaring, um processo demorado e dispendioso em que os lingotes são cortados em wafers finos com uma espessura não inferior a 200 micrómetros. Se as bolachas forem demasiado finas, toda a bolacha se partirá durante o processo de corte. Devido a este requisito de espessura, uma célula fotovoltaica requer uma quantidade significativa de silício em bruto e metade deste material dispendioso perde-se como serradura no processo de corte.

1.4.1.2 Silício policristalino

Constituídas por pequenos grãos de silício monocristalino, as células fotovoltaicas policristalinas são menos eficientes em termos energéticos do que as células fotovoltaicas de silício monocristalino. Os limites dos grãos no silício policristalino impedem o fluxo de electrões e reduzem a potência de saída da célula. A eficiência do módulo de silício policristalino varia entre 10 e 14%.

Uma abordagem comum para produzir células fotovoltaicas de silício policristalino consiste em cortar bolachas finas a partir de blocos de silício policristalino fundido. Outra abordagem mais avançada é o método de "crescimento em fita", no qual o silício é cultivado diretamente como fitas ou folhas finas com a espessura adequada para o fabrico de células fotovoltaicas. Uma vez que não é necessário serrar, o custo de fabrico é mais baixo. O método de crescimento de fitas mais desenvolvido comercialmente é o EFG (edge - defined film - fed growth). Em comparação com o silício monocristalino, o material de silício policristalino é mais resistente e pode ser cortado com um terço da espessura do material monocristalino. Tem também um custo de bolacha ligeiramente mais baixo e requisitos de crescimento menos rigorosos. No entanto, o seu menor custo de fabrico é compensado pela menor eficiência das células.

Placa 1.1 Painéis policristalinos e monocristalinos

1.4.1.3 Arsenieto de gálio (GaAs)

Semicondutor composto por dois elementos: gálio (Ga) e arsénio (As), o GaAs tem uma estrutura cristalina semelhante à do silício. Uma vantagem do GaAs é o facto de ter um elevado nível de absorção de luz. Para absorver a mesma quantidade de luz solar, o GaAs requer apenas uma camada de poucos micrómetros de espessura, enquanto o silício cristalino requer uma bolacha com cerca de 200-300 micrómetros de espessura. Além disso, o GaAs tem uma eficiência de conversão de energia muito superior à do silício cristalino, atingindo cerca de 25 a 30%. A sua elevada resistência ao calor torna-o uma escolha ideal para sistemas concentradores em que as temperaturas das células são elevadas. O GaAs é também popular em aplicações espaciais, onde é necessária uma forte resistência aos danos causados pela radiação e uma elevada eficiência das células.

Os outros materiais semicondutores são o arsenieto de gálio, o ulfato de cobre, etc. As células solares são essencialmente finas bolachas de silício. Estas células, quando ligadas em série e em paralelo, constituem um painel solar. Os dois tipos de painéis solares mais utilizados são (1) células de silício cristalino e (2) células de película fina. Uma série destes painéis forma uma matriz solar. O sistema fotovoltaico (PV) tem uma vida útil longa, baixos custos de manutenção, não tem partes móveis e não cria poluição, mas tem um custo de capital relativamente elevado e uma eficiência inferior. Um sistema fotovoltaico pode ser instalado no local e não necessita de ligação à rede. O maior inconveniente das células fotovoltaicas de GaAs é o elevado custo do substrato monocristalino em que o GaAs é cultivado. Por conseguinte, é mais frequentemente utilizado em sistemas concentradores em que apenas é necessária uma pequena área de células de GaAs.

1.4.2 Materiais de película fina

Numa célula fotovoltaica de película fina, uma fina camada semicondutora de materiais fotovoltaicos é depositada numa camada de suporte de baixo custo, como vidro, metal ou folha de plástico. Uma vez que os materiais de película fina têm uma maior capacidade de absorção da luz do que os materiais cristalinos, a camada depositada de materiais FV é extremamente fina; desde alguns micrómetros até menos de um micrómetro (uma única célula amorfa pode ser tão fina como 0,3 micrómetros). Além disso, as técnicas de deposição em que os materiais fotovoltaicos são pulverizados diretamente sobre vidro ou substrato metálico são mais baratas. No entanto, as células de película fina têm uma baixa eficiência de conversão celular devido à sua estrutura não monocristalina, exigindo áreas de matriz maiores e aumentando os custos relacionados com a área.

1.4.2.1 Silício amorfo (a-Si)

É utilizado principalmente em produtos electrónicos de consumo, que requerem menor potência e custo de produção. O silício amorfo é uma forma não cristalina de silício, ou seja, os seus átomos de silício têm uma estrutura desordenada. Uma vantagem significativa do a -Si é a sua elevada capacidade de absorção de luz y, cerca de 40 vezes superior à do silício monocristalino. Por conseguinte, apenas uma camada fina de cerca de 1 micrómetro de espessura de a -Si é suficiente para fabricar células fotovoltaicas. Além disso, o a -Si pode ser depositado em vários substratos de baixo custo, incluindo aço, vidro e plástico, e o processo de fabrico requer temperaturas mais baixas e, por conseguinte, menos energia e custos.

Apesar das promissoras vantagens económicas, a -Si tem ainda dois grandes inconvenientes. Um deles é a baixa eficiência de conversão de energia da célula, que varia entre 5 e 9%, e o outro é o problema de fiabilidade no exterior, em que a eficiência se degrada em poucos meses de exposição à luz solar, perdendo cerca de 10 a 15%.

1.4.2.2 Telureto de cádmio (CdTe)

Sendo um composto semicondutor policristalino feito de cádmio e telúrio, o CdTe tem um elevado nível de absorção de luz, com apenas cerca de um micrómetro de espessura, podendo absorver 90% do espetro solar. Outra vantagem é o facto de ser relativamente fácil e barato de fabricar por processos como a evaporação a alta velocidade, a pulverização ou a serigrafia. A eficiência de conversão de um módulo comercial de CdTe é de cerca de 7%, semelhante à de um módulo de -Si.

A instabilidade do desempenho das células e dos módulos é um dos principais inconvenientes da utilização do CdTe nas células fotovoltaicas. Outra desvantagem é o facto de o cádmio ser uma substância tóxica, pelo que devem ser tomadas precauções adicionais no processo de fabrico.

1.4.2.3 Disseleneto de cobre e índio (CulnSe2 ou CIS)

Um semicondutor policristalino composto de cobre, índio e seleneto. A eficiência de conversão de energia mais elevada, de 17,7%, não só é a melhor entre outros materiais de película, como também se aproxima da eficiência de 18% do policristalino. O CIS demonstrou que as células fotovoltaicas de película fina são uma escolha viável para a indústria solar no futuro. O CIS é também um dos semicondutores mais absorventes de luz - 0. 5 micrómetros podem absorver 90% do espetro solar.

1.5 Efeito do sombreamento

A sombra é um fator de conceção significativo que afecta o desempenho de muitos, se não da maioria, dos sistemas fotovoltaicos actuais (David, 2012). Medir a extensão da sombra num painel solar pode ser um desafio, porque as sombras se movem à medida que a posição do sol se desloca ao longo do dia e do ano. Por exemplo, uma árvore pode oscilar com o vento ou perder as folhas durante o inverno, alterando o tipo de sombra e as projecções num painel solar. Para agravar as complexidades da análise da sombra, há o facto de que mesmo uma pequena área de sombra pode ter um impacto significativo na produção total do sistema fotovoltaico. Em particular, a eletrónica da energia solar, como os inversores, microinversores ou optimizadores de potência, tem uma gama de respostas à sombra, dependendo da sua capacidade de adaptação a curvas de potência complexas. Até à data, os testes científicos do impacto da sombra foram efectuados utilizando painéis policristalinos, pelo que são necessários procedimentos normalizados para avaliar o efeito da sombra e métodos de modelização normalizados para prever o impacto durante a vida útil.

O sombreamento de sistemas fotovoltaicos pode causar grandes perdas de desempenho (Volker, 1995). Para o cálculo da perda de rendimento, é necessário conhecer a irradiância em cada célula do gerador solar. Em seguida, a curva I-V de um gerador fotovoltaico pode ser calculada utilizando métodos numéricos. A irradiância num gerador solar inclinado pode ser obtida a partir de medições da irradiância global no plano horizontal, de dados geográficos e da posição calculada do sol. Os objectos que possam causar perdas de irradiância são colocados nas imediações do gerador solar. A irradiância difusa reduzida sobre o gerador solar pode ser obtida por integrais de superfície. A adição da irradiância direta e difusa reduzida e de uma componente de reflexão no solo conduz à irradiância reduzida nas células solares.

Os módulos fotovoltaicos são muito sensíveis ao sombreamento, ao contrário de um painel solar térmico, que pode tolerar algum sombreamento, muitas marcas de módulos fotovoltaicos nem sequer podem ser sombreadas pelo ramo de uma árvore sem folhas. As obstruções de sombreamento podem ser definidas como fontes suaves ou duras. Se um ramo de árvore, uma abertura no telhado, uma chaminé ou outro objeto estiver a fazer sombra à distância, a sombra é difusa ou dispersa. Estas fontes suaves reduzem significativamente a quantidade de luz que chega às células de um módulo. As fontes duras são definidas como aquelas que impedem que a luz chegue às células, tais como um cobertor, um ramo de árvore, uma queda de pássaro, ou algo semelhante, colocado diretamente em cima do vidro. Se mesmo uma célula inteira estiver fortemente sombreada, a tensão desse módulo cairá para metade do seu valor não sombreado, de modo a proteger-se. Se um número suficiente de células estiver fortemente sombreado, o módulo não converterá qualquer energia e o sistema inteiro será afetado por uma pequena perda de energia. O sombreamento parcial de uma única célula de um módulo de 36 células reduzirá a sua potência. Uma vez que todas as células estão ligadas em série, a célula mais fraca fará com que as outras reduzam o seu nível de potência. Por conseguinte, quer metade de uma célula esteja sombreada, quer metade de uma fila de células esteja sombreada, a diminuição da potência será a mesma e proporcional à percentagem da área sombreada. Quando uma célula completa está sombreada, pode atuar como um consumidor da energia produzida pelas restantes células e acionar o módulo para se proteger. O módulo encaminhará a energia em torno dessa cadeia em série. Se mesmo uma célula completa numa cadeia em série estiver sombreada, é provável que o módulo reduza o seu nível de potência para metade do seu valor total disponível. Se uma fila de células na parte inferior de um módulo estiver totalmente sombreada, a saída de energia pode cair para zero.

O sombreamento das instalações fotovoltaicas tem um impacto irregular na produção de energia (Deline, 2009). O sombreamento pode representar uma redução de potência superior a 30 vezes o seu tamanho físico. Para prever com precisão a potência perdida devido a condições de sombreamento, é necessário identificar a colocação do díodo de bypass nos módulos FV, onde regula o impacto do sombreamento num determinado módulo ou grupo de células. Com uma descrição exacta da disposição dos módulos FV, um único levantamento do local pode fornecer uma estimativa das condições de sombra numa posição, e as transformações geométricas podem traduzir essa descrição de sombra para qualquer ponto do conjunto FV. Este processo pode fornecer a base para uma simulação precisa da redução de potência num sistema FV sombreado.

OBJETIVO

Estudar o efeito do sombreamento em módulos solares fotovoltaicos ligados em série e em paralelo.

CAPÍTULO 2

REVISÃO DA LITERATURA

R. E. Hanitsch, Detlef Schulz e Udo Siegfried, 2001

Para além da insolação e da temperatura, também o padrão de sombra tem uma grande influência na posição do ponto de potência máxima. O padrão de sombra pode resultar em dois MPP's e a tensão U_{MPP} pode aumentar acima de $U_{MPP,\,STC}$ ou cair abaixo. No entanto, a tensão U_{MPP} deve estar sempre dentro da gama de funcionamento do inversor. O ponto de funcionamento efetivo do inversor é também uma função da distribuição da sombra, que se altera com a posição do sol. Se ligarmos um sistema FV já sombreado ligado a um inversor, o ponto de funcionamento será o MPP superior, embora este não seja o MPP real. Se a gama de funcionamento MPP - tensão for selecionada de forma demasiado estreita, o MPP inferior pode estar fora da gama para células com temperaturas mais elevadas e sombreadas. Neste caso, o controlador funcionará sempre com o MPP superior, resultando num rendimento energético reduzido.

S. Silvestre e A. Chouder , 2007

É proposto um modelo para a simulação de módulos FV parcialmente sombreados. Também pode ser aplicado para estudar as caraterísticas inversas de células solares sombreadas que fazem parte do módulo FV. A redução da potência de saída de um módulo FV devido à sombra foi avaliada tendo em conta a influência do nível de irradiância e da taxa de sombra sobre uma célula do módulo FV. Pode ser observada uma redução de 30% devido à sombra total de apenas uma célula solar. As perdas de potência foram correlacionadas com a variação da resistência em série e em derivação do módulo FV devido à sombra. A contribuição mais importante para a redução da potência de saída pode ser atribuída à quantidade de resistência em série quando a taxa de sombra aumenta.

Miguel Garcia, José Miguel Maruri, Luis Marroyo, Eduardo Lorenzo e Miguel Perez, 2008

A expetativa intuitiva de que as configurações com mais inversores serão menos susceptíveis a distribuições não uniformes de radiação e, portanto, responderão melhor em condições de sombra parcial não é verdadeira em todos os casos. Demonstramos que uma configuração com dois inversores (string inverter) pode resultar em maiores perdas relacionadas com a sombra do que uma configuração com um único inversor (inversor central) se os inversores não conseguirem encontrar o MPP do gerador. Isto realça a necessidade, ao estudar a resposta de um sistema à sombra parcial, de considerar não só o grau de modularidade do sistema, mas também a interação entre o gerador e o inversor. Mais especificamente, é necessário estudar o comportamento do MPP de um inversor quando surgem vários máximos na curva P-V do gerador e analisar as perdas de energia, sob diferentes configurações de inversores, correspondentes ao funcionamento num ponto de potência diferente do MPP.

Sera, Dezso; Baghzouz, Yahia, 2008

Este trabalho apresentou o impacto do sombreamento nas curvas I - V e P - V de um painel solar, e esclareceu o mecanismo básico que estima a redução da potência de saída. Esta degradação na produção máxima de energia depende claramente da área sombreada, bem como da disposição dos submódulos e dos díodos de bypass. A análise foi ilustrada por dados experimentais. Espera-se que este artigo seja útil para os projectistas de sistemas fotovoltaicos na tentativa de minimizar o impacto do sombreamento no desempenho do sistema.

Engin Karatepe, Takashi Hiyama, Mutlu Boztepe , Metin C, olak, 2008

Foi apresentada uma nova abordagem do sistema de compensação e controlo de potência para a conceção de sistemas de seguimento do ponto de máxima potência para matrizes fotovoltaicas parcialmente sombreadas. Foi demonstrado que o procedimento de projeto proposto assegura a redução das perdas de potência devidas ao sombreamento parcial de uma forma simples. A desativação dos módulos FV sombreados minimiza o efeito negativo do sombreamento no desempenho global da potência de saída do conjunto, polarizando para a frente os díodos de derivação correspondentes. O método proposto garante a obtenção da potência máxima global em quaisquer condições de sombreamento parcial. O sistema pode ser aplicado quer a sistemas fotovoltaicos insolados não uniformes quer na presença de uma avaria no sistema para evitar uma redução da potência devido a módulos sombreados ou avariados.

Em geral, quando se utiliza um conversor MPPT, pode esperar-se um aumento estimado de 20% a 30% na potência de saída do conjunto fotovoltaico para condições de insolação uniformes. Este aumento da produção de energia deve, no entanto, ser medido em função do aumento do custo e da menor fiabilidade do conversor MPPT. O custo adicional do conversor MPPT deve ser inferior às poupanças estimadas para o sistema devido à maior produção de energia a partir do mesmo conjunto fotovoltaico. Neste trabalho, o sistema proposto pode suportar o aumento da potência de saída de um painel fotovoltaico parcialmente sombreado de cerca de 300% para os cenários dados. Por conseguinte, as novas técnicas de controlo do compensador devem ser desenvolvidas e começar a ser utilizadas em sistemas FV para condições de insolação não uniformes.

Ramaprabha Ramabadran, outubro de 2009

A ligação em série das células solares num conjunto é essencial para obter uma tensão praticamente utilizável. Para obter a potência necessária, são ligadas em paralelo várias destas cadeias. Dado que existe uma perda substancial de energia devido à iluminação não uniforme de uma série de células, deve ter-se o cuidado de assegurar que todas as células ligadas em série recebem a mesma iluminação sob diferentes padrões de sombreamento. Este cuidado proporcionará uma melhor proteção ao conjunto e, ao mesmo tempo, a produção total de energia será mais elevada. Neste artigo, o SPVA ligado em série e o ligado em paralelo são comparados em diferentes condições de sombreamento. Verifica-se que o SPVA ligado em paralelo é dominante em condições de sombra. Por conseguinte, a ligação em paralelo é a melhor configuração possível. O problema da saída de corrente elevada em sistemas ligados em paralelo exige a definição de uma nova configuração.

R. Ramaprabha, Dr. B. L. Mathur, novembro de 2009

Um módulo solar atípico consiste na ligação em série de células solares para obter uma tensão praticamente utilizável. Vários desses módulos são ligados em série e em paralelo para obter a potência necessária. A partir dos resultados e inferências deste documento, conclui-se que existe uma perda substancial de energia devido à iluminação não uniforme de uma cadeia em série. A energia gerada por células muito iluminadas é desperdiçada sob a forma de calor nas células pouco iluminadas. Por conseguinte, deve ter-se o cuidado de assegurar que todas as células ligadas em série recebam a mesma iluminação em diferentes padrões de sombreamento. Este cuidado dará uma melhor proteção ao conjunto e, ao mesmo tempo, a produção total de energia será mais elevada.

A. Mahran, A. Guenounou, Z. Smara, M. Chikh, M. Lakehal, novembro de 2010

Este artigo apresenta um banco de ensaios I - V semi-automático para a caraterização de módulos fotovoltaicos. Atualmente, podemos obter o gráfico I - V de qualquer tipo de módulos FV em condições exteriores e podemos traduzi-los em quaisquer condições de funcionamento desejadas. No entanto, este banco de ensaios pode ser melhorado para atingir a automatização total com medições mais precisas. O nosso objetivo é aproximarmo-nos do arranque totalmente automático do scan I - V. EFEEA' 10 Simpósio Internacional sobre Energias Amigas do Ambiente em Aplicações Eléctricas 24 de novembro de 2010, Guardia, Argélia Além disso, pretendemos melhorar a carga eletrónica que nos permitirá adquirir dados próximos del S C e V O C. Atualmente, o nosso equipamento dá-nos um número muito grande de pontos de dados que não são práticos para análise. Consequentemente, pretendemos conceber uma técnica que nos permita otimizar o número de pontos de dados para obter uma tendência representativa da caraterística I - V.

Mermoud, André, Lejeune, Thibault, 2010

As perdas por sombreamento próximo em sistemas fotovoltaicos continuam a ser uma incerteza difícil quando se avalia o rendimento de um sistema fotovoltaico. Algumas ferramentas de simulação calculam as perdas com base apenas no défice de irradiância. O sistema fotovoltaico fornece um limite superior do efeito elétrico, de acordo com uma disposição aproximada dos cabos. Propomos aqui um modelo que permite o cálculo detalhado das perdas "eléctricas" por sombreamento. Podemos já utilizar esta ferramenta para compreender alguns princípios, nomeadamente o papel dos díodos de passagem, o efeito do sombreamento de uma célula (que retira a produção de um submódulo), ou o efeito de vários submódulos sombreados. Uma observação surpreendente é que os sombreamentos em diferentes cadeias não são independentes e que uma única cadeia se comporta muito melhor do que conjuntos de várias cadeias. Esta metodologia tem ainda de ser implementada no processo geral de simulação para a avaliação das perdas reais de energia em qualquer sistema FV, durante qualquer período. Isto deverá ser realizado no sistema FV até ao final deste ano.

Mohammed Abdulazeez, Ires Iskender, 2011

O desempenho elétrico dos módulos ligados em série e em paralelo foi investigado para encontrar uma configuração que seja comparativamente menos suscetível a desajustes eléctricos devido a problemas de sombra. O modelo de simulação Sims cape é utilizado para modelar a célula solar, tendo em conta a resistência em série e em paralelo das células. Para este estudo, foram simulados vários padrões de sombreamento utilizando o modelo de simulação Sims cape. Estes modelos foram contrastados com sucesso através da comparação dos resultados da simulação com dados reais medidos. Uma vantagem do procedimento de simulação apresentado é a possibilidade de simular todo o conjunto fotovoltaico, introduzindo diferentes parâmetros de entrada para cada uma das células solares presentes no sistema.

O modelo de simulação é útil para conceber a configuração óptima do gerador FV para extrair a máxima potência. Além disso, o modelo de simulação é útil para conceber a configuração óptima do conjunto FV para extrair a potência máxima. Os resultados da simulação e da medição estabelecem a superioridade do tipo paralelo sobre o tipo série na maioria dos perfis de sombreamento.

D. Leta, V. Cimpoca, A. Stancu, C. Fluieraru e Z. Bacinschi, 2011

O sombreamento parcial dos geradores solares pode causar grandes perdas e classificações de desempenho desequilibradas. As células sombreadas estão frequentemente envolvidas em gamas negativas de tensões. Se não forem efectuadas medições, como na implementação de díodos de derivação, uma simples situação de sombreamento pode induzir o efeito destrutivo de pontos quentes nas células devido a intensidades localizadas elevadas. Temperaturas elevadas na superfície das células, que ultrapassam a temperatura crítica suportada, resultam em danos no encapsulamento e em efeitos de delaminação ao nível do módulo. Com base nos resultados obtidos com o sombreamento de uma única célula a partir de 36, observámos uma redução importante do MPP. No caso de duas células serializadas sombreadas a partir do mesmo módulo, verificámos que o painel é retirado do esquema energético de toda a instalação. No caso dos módulos fotovoltaicos sandwich semitransparentes, observamos que grandes variações de funcionamento provocaram a penetração de vácuo através da inserção dos contactos da caixa de junção e efeitos de delaminação localizados ao nível do aparecimento do efeito de ponto quente em toda a superfície do painel.

Tony Maine e John B., 2011

Nos módulos susceptíveis de serem sujeitos a sombreamento, é de esperar uma perda de energia considerável, para além da causada pela simples perda de luz solar, devido ao funcionamento de muitas células longe do seu ponto de potência de pico, mesmo ao ponto de as levar a uma polarização inversa. A proteção do módulo contra esta condição é possível com alguns custos adicionais, pelo que a escolha de o fazer em qualquer situação particular passa a basear-se na economia. O tamanho ótimo de um grupo ou aglomerado de células para módulos susceptíveis de serem sombreados por árvores é da ordem dos 30 cm^2

A maior dimensão das células de silício pode tornar mais difícil a construção de módulos resistentes ao sombreamento. A distribuição dos níveis de irradiância nas células sujeitas a sombreamento por vegetação e outros objectos de forma quase aleatória tende a ser bimodal, com um pico a pleno sol e um pico secundário ao nível da cúpula do céu, normalmente 10 a 20% do sol pleno. A utilização de díodos de derivação para suportar a potência de saída do módulo sob sombra parcial torna-se problemática se for utilizado menos de um díodo por célula. Tais disposições tendem a ser sensíveis ao padrão de sombra.

Evagelia V. Paraskevadaki e Stavros A. Papathanassiou, 2011

Neste artigo, o efeito do sombreamento parcial no desempenho do módulo FV é analisado de forma a fornecer uma metodologia simples e facilmente aplicável para o cálculo dos efeitos da sombra nas principais caraterísticas eléctricas de um módulo FV. É utilizado um modelo de célula FV de díodo duplo, com um termo de extensão para operação de polarização inversa, para a simulação de quatro casos de estudo de módulos FV mc -Si. São então derivadas fórmulas semi-empíricas para a tensão e potência MPP sob sombreamento parcial, tendo em conta as caraterísticas do módulo e o padrão de sombreamento. A metodologia proposta é validada por resultados experimentais, utilizando três módulos fotovoltaicos mc-Si diferentes, medidos em condições exteriores, e provou fornecer uma boa aproximação na maioria das situações práticas.

David Briggs, Enphase Energy 18 de maio de 2012

À medida que a indústria solar adopta práticas padronizadas para medir a extensão da sombra num determinado local de instalação, é cada vez mais importante poder prever o impacto deste fator. Este estudo demonstra uma metodologia de teste para avaliar com precisão o desempenho do inversor em condições de sombra. São ainda necessárias normas de ensaio adicionais para avaliar o desempenho do inversor relativamente a outras fontes de incompatibilidade dos módulos, como a tolerância de fabrico, a degradação e a sujidade. Estas novas normas de ensaio podem aumentar a precisão dos programas de simulação solar, como o PV Watts, SAM ou Posit, na previsão do desempenho a longo prazo das instalações solares.

R. Ramaprabha e B.L. Mathur, 2012

Num SPVA, a insolação não uniforme pode danificar as células mal iluminadas. Uma grande parte da energia eléctrica gerada por células altamente iluminadas é desperdiçada como calor em células mal iluminadas. A utilização de díodos de derivação pode evitar danos nos painéis mal iluminados e disponibilizar essa energia para a carga. As caraterísticas P - V sob insolação não uniforme com díodos de derivação contêm múltiplos picos. A magnitude dos máximos globais depende da configuração do conjunto e dos padrões de sombreamento. Uma vez que o modelo desenvolvido é um modelo orientado para o circuito, P Spice [10] - [11], pode ser facilmente utilizado para predeterminar o comportamento de qualquer conjunto SPV com diferentes números de células em série e em paralelo, diferentes números de díodos de derivação e condições de sombra. Foi apresentado um método para desenhar rapidamente as caraterísticas I - V de um SPV utilizando o MOSFET como resistência de carga.

Anssi Maki, e Seppo Valkealahti, 2012

Os efeitos do sombreamento parcial em geradores fotovoltaicos de cadeia longa, cadeia paralela e cadeia múltipla foram investigados utilizando um modelo de simulação verificado experimentalmente com base no conhecido modelo de um díodo de uma célula fotovoltaica. O sombreamento parcial foi variado em relação ao sombreamento do sistema e à força do sombreamento, que representam a quantidade de módulos FV sombreados do gerador e a atenuação da irradiância devido ao sombreamento, respetivamente. Foram estudados os efeitos do sombreamento parcial na potência do MPP global dos geradores, nas perdas por desfasamento causadas pelo funcionamento no MPP global, que difere da soma das potências máximas de blocos individuais de células FV com díodos de derivação ligados em paralelo, e no funcionamento num MPP local em vez do global no caso de MPPs múltiplos.

Os resultados mostram claramente que o gerador fotovoltaico composto por uma longa ligação em série de módulos fotovoltaicos é mais propenso à redução da potência máxima, ao aumento das perdas por desfasamento e às perdas devidas a falhas no seguimento do MPP global em condições de sombreamento parcial do que as configurações com cadeias curtas ligadas em paralelo ou cadeias curtas controladas individualmente, como no gerador multi-cadeias. As cadeias curtas controladas individualmente parecem ser a melhor configuração de gerador do ponto de vista da produção de energia em caso de condições de sombreamento parcial. Por outro lado, se o gerador de energia fotovoltaica for concebido de modo a que apenas uma pequena parte do gerador possa ser sombreada de cada vez, o gerador de cadeia longa tem perdas de desfasamento tão baixas como o gerador de cadeia múltipla e não tem perdas devido a falhas no seguimento do MPP, devido a apenas um MPP na caraterística *P-U* do gerador. Com base nos resultados apresentados neste artigo, as ligações em série e em paralelo devem ser, em geral, minimizadas de modo a aumentar o rendimento energético dos geradores de energia fotovoltaica que estão sujeitos a condições de sombreamento parcial. Isto é especialmente importante para geradores de energia FV integrados em edifícios e geradores que operam em ambientes construídos. Para além disso, o sombreamento devido a condições climáticas pode ser importante para a produção de energia FV.

Ekpenyong, E.E e Anyasi, 2013

Um módulo solar típico consiste na ligação em série de células solares para obter uma tensão praticamente utilizável. Vários desses módulos são ligados em série e em paralelo para obter a potência necessária. Dos resultados e inferências deste projeto, conclui-se que existe uma perda substancial de energia devido à iluminação não uniforme de uma cadeia em série. A energia gerada por células muito iluminadas é desperdiçada sob a forma de calor nas células pouco iluminadas. Por conseguinte, deve ter-se o cuidado de assegurar que todas as células ligadas em série recebam a mesma iluminação em diferentes padrões de sombreamento. Este cuidado dará uma melhor proteção ao conjunto e, ao mesmo tempo, a produção total de energia será mais elevada.

L. Fialho, R. Melicio, V. M. F. Mendes, J. Figueiredo, M. Collares - Pereira, 2013

O circuito equivalente de cinco parâmetros da célula solar é aplicado para obter as curvas I-V e P-V. Os cinco parâmetros são estimados por um método heurístico utilizando um conjunto de expressões que requerem apenas a informação normal fornecida pelos produtores de módulos fotovoltaicos sobre os dados de circuito aberto, potência máxima e curto-circuito. Uma vez efectuada a identificação dos parâmetros, é possível uma simulação dos efeitos de sombreamento. A simulação pode mostrar o efeito do sombreamento parcial na redução da energia obtida por um sistema solar fotovoltaico, o que deve ser tido em consideração durante a evolução económica na fase de conceção. A comparação entre os resultados simulados e os experimentais mostra que o método heurístico é satisfatório. É apresentado um estudo de caso com uma simulação do efeito de sombreamento para mostrar as consequências no que respeita à captura da energia máxima, ou seja, o seguimento do MPP.

YounisKhalaf, OsamaIbraheem, Mustafa Adil, SalihMohammed , Mohammed Qasim, Khaled Waleed, março de 2014

A eficiência de dois modelos fotovoltaicos (Kyocera - 54W e Solara -130W) é testada sob diferentes percentagens de efeito de sombreamento. Os resultados mostraram que o sombreamento pode ter mais efeito na corrente do PV do que na tensão gerada, o que causa uma redução da potência gerada. Como a tensão gerada é inferior a (12 volts), o carregamento das baterias pára se o sombreamento for de 75% ou mais. A célula mais fraca fará com que as outras reduzam o seu nível de potência, pelo que o díodo de derivação deve ser ligado às células fotovoltaicas dos módulos para que haja outra via para a corrente gerada por outras células não sombreadas. Os sistemas fotovoltaicos com módulos de pequenas dimensões (dimensões) são menos afectados pelo sombreamento do que os sistemas com módulos maiores.

Pawan Kumar Pandit, P.B.L Chaurasia, 2014

Este estudo experimental apresentou o efeito do sombreamento do painel fotovoltaico e da curva I-V no módulo fotovoltaico solar e também clarificou o mecanismo fundamental de redução da potência de saída em condições de sombreamento em ligações em série e em paralelo. Ficou claro que a redução da potência depende da área sombreada ou da célula do painel solar fotovoltaico e esta investigação foi ilustrada por dados experimentais. Neste documento, a potência da ligação em série e da ligação em paralelo é comparada em diferentes condições de sombreamento e de sombreamento parcial e é apresentada a melhoria da potência em condições de sombreamento utilizando um díodo de derivação na ligação em série e um díodo de bloqueio da corrente circulante na ligação em paralelo. Este artigo será utilizado no sistema solar fotovoltaico para minimizar as perdas de potência e o efeito do sombreamento no sistema solar fotovoltaico para os novos estudantes e investigadores.

Yunlin Sun, Siming Chen, Liying Xie, Ruijiang Hong e Hui Shen, 2014

O efeito de sombreamento é um dos factores de influência que resulta na redução da potência de saída dos módulos e matrizes FV. Para proteger contra o aparecimento de pontos quentes nos módulos FV parcialmente sombreados, a ligação de um díodo de derivação com polaridade inversa em paralelo a um grupo de células solares em ligação em série do módulo é uma das estratégias mais comuns aplicadas nos actuais produtos comerciais. Neste trabalho, um modelo de simulação de sombreamento para módulos FV foi verificado sob as condições de teste padrão (STC) em laboratório; foi demonstrado que o desempenho total do módulo sombreado era a combinação aditiva das caraterísticas dos grupos, incluindo algumas das células de ligação em série que estão ligadas com díodos de bypass em paralelo; as caraterísticas do grupo são determinadas pela célula solar que é sombreada pela área máxima de sombra, para a corrente de saída do grupo, e até mesmo o módulo FV é forçado a ser igual ao da célula solar sombreada de área máxima. Além disso, foram detectadas e analisadas as caraterísticas dos módulos de três tipos de sombreamento: sombreamento de postes de arame, sombreamento de plantas e camas de pássaros, e linhas frontais do conjunto de painéis fotovoltaicos. Os resultados da investigação de campo ilustram que a área de sombras causada por postes de arame e plantas não é tão grande, mas as sombras espalham-se em vários grupos de ligação em série de células solares para alguns módulos adjacentes em muitos casos; reduz severamente a potência de saída dos módulos e até mesmo dos conjuntos fotovoltaicos; os impactos do sombreamento das camas de pássaros nas caraterísticas de saída são relativamente baixos para a pequena área; no entanto, uma área muito pequena de sombra não poderia ativar o díodo de bypass devido à tensão de polarização direta aplicada inferior ao limiar de tensão do díodo, resultando na formação de pontos quentes. Este documento também propõe algumas soluções para mitigar os efeitos de sombreamento dos edifícios de distribuição de energia e postes de arame, plantas e camas de pássaros, e a sombra causada pelas filas frontais de matrizes fotovoltaicas, oferecendo algumas ideias para a conceção, operação e manutenção da produção de energia fotovoltaica.

CAPÍTULO 3

MATERIAIS E MÉTODOS

3.1 Painel solar fotovoltaico

A potência de saída de uma única célula solar é demasiado baixa para fazer funcionar a maioria dos dispositivos eléctricos (a maioria das células produz uma tensão de cerca de 0,5V). Por isso, muitas células são ligadas em série para aumentar a tensão. Várias séries de células são interligadas em paralelo para aumentar a potência de saída. As células solares são extremamente frágeis. Para as proteger de danos, são hermeticamente fechadas entre uma camada superior de vidro ou plástico transparente e uma camada inferior de plástico ou uma combinação de plástico e metal. Para aumentar a resistência, é fixada uma moldura exterior, e todo este conjunto é designado por painel fotovoltaico. Na parte de trás do painel, existe uma caixa de derivação para extrair eletricidade. Dependendo da carga e dos requisitos da bateria, os painéis são ligados em combinações em série/paralelo e montados numa estrutura metálica. Estes agregados de painéis fotovoltaicos formam um conjunto fotovoltaico, como mostra a fig. 3.1.

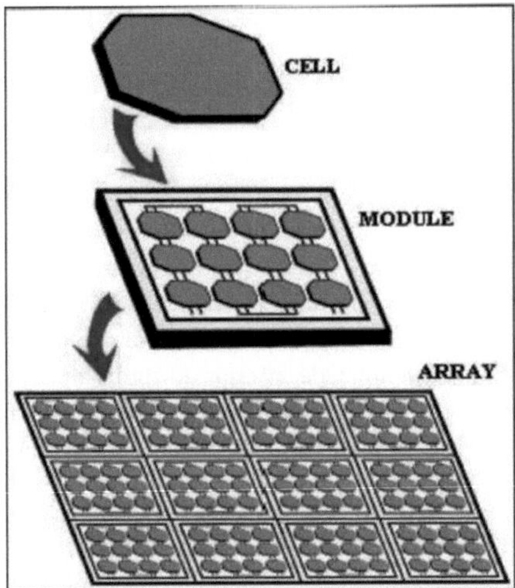

Fig. 3.1 Conjunto solar fotovoltaico

Os painéis SPV são classificados em termos de unidades de "watt de pico" (W p). O termo "horas de pico" designa o número mínimo de horas de luz solar necessárias para produzir diariamente uma quantidade desejável de eletricidade. A insolação solar de uma região indica o total de horas para as quais se pode obter o pico nominal de watts de um painel. A insolação solar média na Índia é de 5,2 kWh/m^2 /dia. Os painéis solares disponíveis no mercado são de 10, 35, 50, 70. 100 Wp. Por cada unidade (Wp) de potência nominal, o painel deve produzir cerca de 0,85 Wh de energia eléctrica por cada unidade (kWh/m^2/dia) de radiação solar. Por exemplo, um painel de 35 W p produziria 35 x 0,85 Wh = 2975 W de eletricidade na Índia em condições solares normais.

3.2 Princípio de funcionamento da célula solar

O efeito fotovoltaico ocorre quando uma junção entre um metal e um semicondutor (junção semicondutora p -n) é exposta a radiação electromagnética, como a luz solar. Uma tensão de avanço aparece através da junção e pode conduzir eletricidade num circuito. A Fig. 3.2 mostra o fluxo de corrente num circuito quando um fotão incide na junção semicondutora p - n.

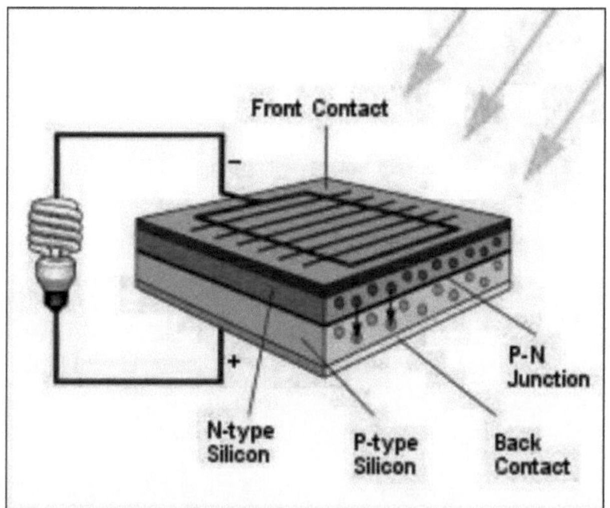

Fig. 3.2 Fluxo de corrente em torno de um circuito de junção de semicondutores p-n

Existem muitos tipos de células solares normalmente disponíveis. A mais utilizada é a célula de silício mono - cristalino. Estas têm uma boa potência e são estáveis durante mais de 20 anos. Quando um pacote de luz solar (fotões) incide sobre a célula, a luz visível (e infravermelha próxima) é absorvida e a sua energia é dada aos electrões no silício, que se torna então condutor de eletricidade. Os electrões (com carga negativa) e os buracos (que actuam como carga positiva) formam esta condução.

A junção entre a parte superior (tipo n) e a parte inferior (tipo p) contém um campo elétrico que faz com que os electrões negativos se desloquem para o contacto da frente e os buracos positivos para o contacto de trás, pelo que a parte superior se torna negativa e a parte inferior se torna positiva, desenvolvendo-se uma diferença de potencial. O movimento dos electrões e dos buracos constitui uma corrente eléctrica, pelo que a célula iluminada gera uma corrente e uma diferença de potencial. O princípio da célula solar é apresentado na Fig. 3.2. A potência gerada é DC e é o produto da corrente e da tensão.

i.e . Potência (watt) = corrente (ampère) x diferença de potencial (volt)

3.3 Aparelho experimental

Neste estudo, são utilizados diferentes tipos de equipamento nesta experiência, que são mencionados e definidos a seguir.

3.3. 1 Unidade de controlo de potência (PCU)

Neste estudo, é utilizado o "Insight Solar PV Training and Research kit". Funcionamento da eletrónica do sistema com controlos definidos pelo utilizador. Todas as experiências podem ser realizadas com a ajuda de medidores com ecrã digital.

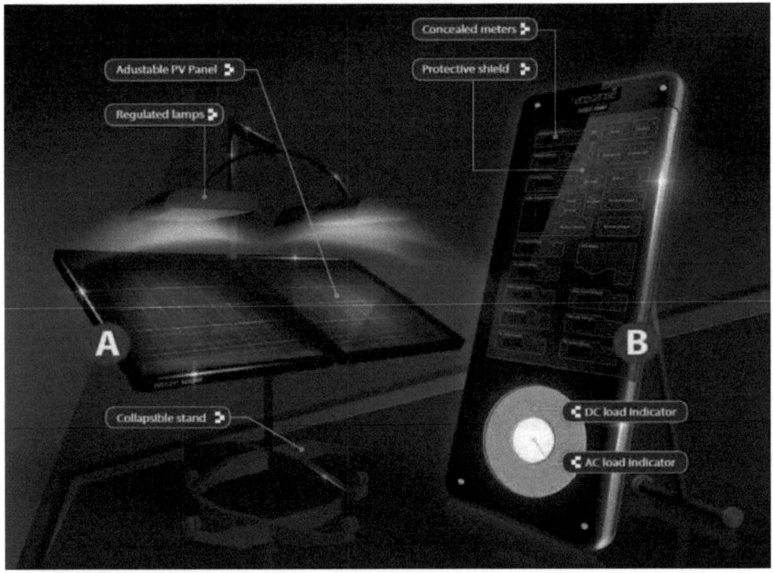

Placa 3.1 Kit de formação e investigação Insight Solar Photovoltaic

A. Módulo fotovoltaico

Neste estudo, foram utilizados dois módulos, que consistem em material de silício cristalino polido. A especificação destes módulos é apresentada na Tabela 3.1 e estes dois módulos são colocados numa estrutura de ferro. A lâmpada de halogéneo é utilizada como fonte de radiação.

Tabela 3.1 Especificação do módulo

Sr. No.	**Material**	**Poly crystalline silicon**
1	Rated maximum power (P_{mpp})	40 W
2	Open circuit voltage (V_{oc})	21.90 V
3	Short circuit current (I_{sc})	2.45 A
4	Rated voltage (V_{mpp})	17.40 V
5	Rated current (I_{mpp})	2.30 A
6	Radiation	1000 W/m
7	Module temperature	25 °C
8	Air mass (AM)	1.5
9	Area (each)	0.2 m^2

B. Controlador principal

A unidade de controlo de potência é utilizada neste estudo e possui diferentes equipamentos de medição, nomeadamente amperímetro, voltímetro, díodo, bateria, inversor, controlador de carga, potenciómetro, equipamento de medição de temperatura e carga CC, etc. Todos estes equipamentos de medição são fabricados nesta unidade de controlo de potência para a medição da corrente, tensão, termómetro, potenciómetro (0 a 200Ω), etc.

Foi concebido tendo em vista a interatividade do utilizador ao ligar os terminais e ao fazer simultaneamente as leituras correspondentes. O indicador de carga principal foi mantido na parte inferior para evitar o encandeamento dos olhos durante a realização das experiências.

3. 3.2 Folhas de sombreamento

As folhas de sombreamento são utilizadas neste estudo experimental e são diferentes - diferentes das folhas de sombreamento de células diferentes, como folhas de sombreamento de célula única, folhas de sombreamento de célula dupla, folhas de sombreamento de quatro células, folhas de sombreamento de nove células e folhas de sombreamento de módulo único completo e estas folhas de sombreamento consistem em materiais de baquelite, que são chamados folhas de sombreamento de plástico e são folhas de sombreamento muito duras, que bloqueiam toda a radiação, e esta radiação vem do sol sob a forma de radiação difusa, radiação de feixe, radiação global. No nosso caso, bloqueia a radiação proveniente da lâmpada de halogéneo.

Placa 3.2 Folha de plástico para sombreamento

3.3 . 2 Contador Solari

O medidor Solari é um dispositivo eletrónico utilizado para medir a radiação solar global. Durante esta experiência, a radiação da lâmpada de halogéneo é medida pelo solariómetro.

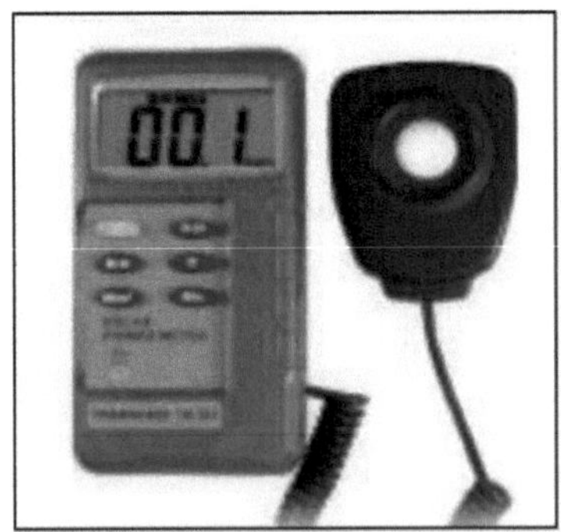

Placa 3.3 Medidor Solari

No estudo da montagem experimental sobre o efeito de sombreamento do módulo ou sistema solar fotovoltaico e a melhoria do desempenho energético do módulo solar fotovoltaico utilizando um díodo de derivação em condições de sombreamento. A potência do módulo solar fotovoltaico e o efeito de sombreamento do sistema solar fotovoltaico são avaliados através da medida das suas curvas P-V e I-V. Para esta experiência, utilizámos vários equipamentos mencionados acima no aparelho experimental e realizámos esta experiência no módulo solar cristalino e a radiação de energia solar incidente é de aproximadamente **440 W/m²** . A radiação não é uniforme numa área.

Prato 3.4 Fazer observações no laboratório

O estudo experimental sobre o efeito de sombreamento e o desempenho energético do módulo solar fotovoltaico e, para este estudo ou experiência, estes módulos fotovoltaicos são ligados em série e em paralelo e apresentam diferentes curvas P-V e I-V.

3.4 Curvas caraterísticas da célula solar

Na caraterística I-V, a corrente máxima à tensão zero é a corrente de curto-circuito (Isc), que pode ser medida colocando o módulo FV em curto-circuito, e a tensão máxima à corrente zero é a tensão de circuito aberto (Voc). Na curva P - V, a potência máxima é atingida apenas num único ponto que é designado por MPP (ponto de potência máxima) e a tensão e a corrente correspondentes a este ponto são referidas como V_{mpp} e I_{mpp}. O diagrama do circuito para avaliar as caraterísticas I - V e P - V do módulo é apresentado na fig. 3.3. Forme um sistema fotovoltaico que inclua o módulo P V e uma resistência variável (potenciómetro) com amperímetro e voltímetro para medição. Neste circuito, o potenciómetro funciona como uma carga variável para o módulo. Quando a carga no módulo é variada pelo potenciómetro, a corrente e a tensão do módulo são alteradas, o que muda o ponto de funcionamento das caraterísticas I-V e P-V.

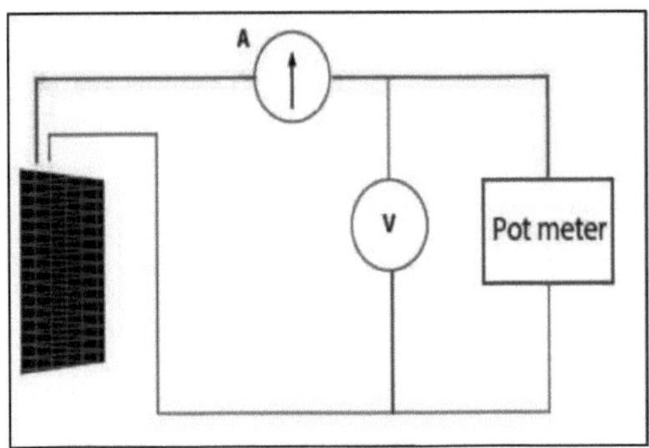

Fig. 3.3 Diagrama do circuito para avaliação das caraterísticas I - V e P -V

Existem 36 células solares num módulo. Estas 36 células solares estão em série, como mostra a fig. 4.1, o que faz com que o módulo seja constituído por células solares ligadas em série.

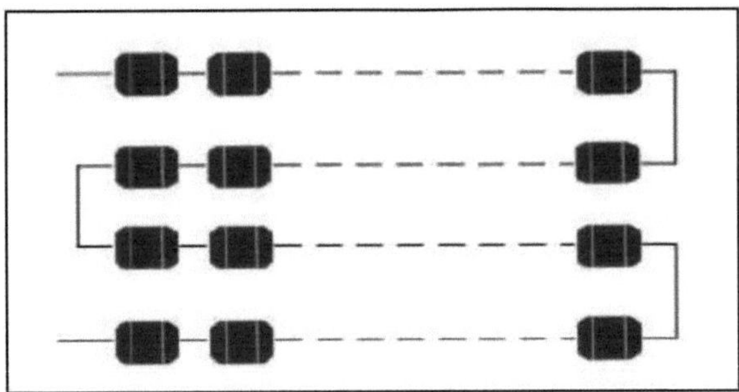

Fig 3.4 Estrutura interna do módulo

Estas células estão em série sem díodo de derivação, pelo que o sombreamento de uma célula será suficiente para reduzir a potência a zero. Esta disposição permite obter uma potência nula se toda a fila de células ficar sombreada. Existem elementos de sombreamento de diferentes tamanhos (célula única, duas células, quatro células e 9 células do módulo) para cobrir completamente a célula (ou células) solar do módulo. Para realizar esta experiência, colocar um destes elementos de sombreamento na(s) célula(s) solar(es). Depois de ter sombreado as células com diferentes tamanhos de elementos de sombreamento, anote as leituras da corrente e da tensão. As ligações para esta experiência são as seguintes

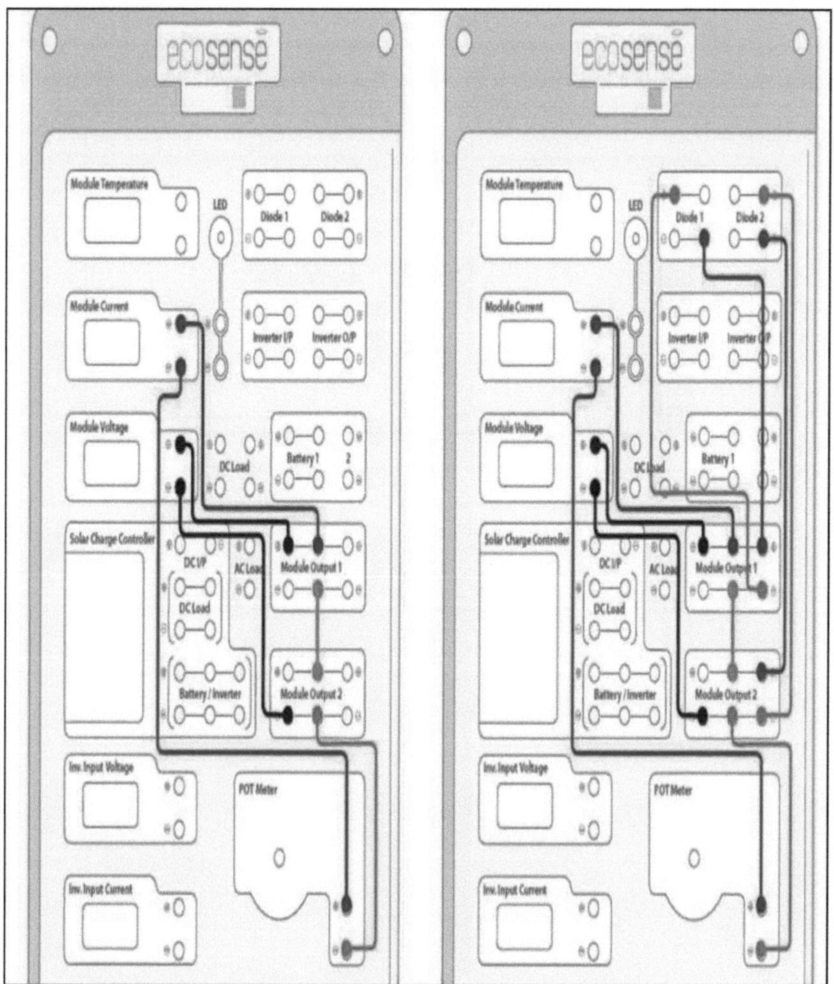

Fig. 3.5 Módulos ligados em série sem e com díodo de bypass

O díodo é um elemento muito importante no sistema fotovoltaico. Este elemento pode funcionar como um díodo de bloqueio ou como um díodo de derivação. Os díodos ligados em série com as células ou módulos são designados por díodos de bloqueio e os díodos ligados através das células ou módulos são designados por díodos de derivação.

3.5 Ação de bypass do díodo

Se dois módulos estiverem em série, a corrente no circuito será decidida pelo módulo que estiver a gerar menos corrente. Assim, se um módulo estiver completamente sombreado, a corrente no circuito será zero. Se houver um díodo em paralelo com o módulo sombreado, a potência de saída do módulo não sombreado é contornada pelo díodo e fica disponível nos terminais de carga.

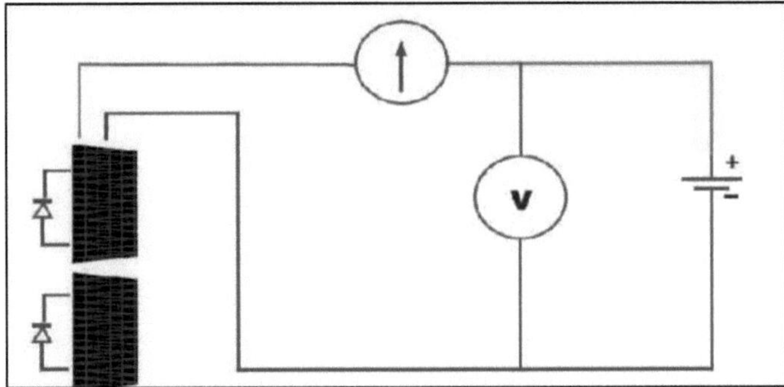

Fig. 3.6 Díodo em modo de derivação em módulos ligados em série

CAPÍTULO 4

RESULTADOS E DISCUSSÃO

Em primeiro lugar, podemos ver que a variação do efeito de sombreamento num único módulo fotovoltaico sem utilizar o díodo de derivação para o sombreamento, utilizámos as folhas de plástico de baquelite para o sombreamento e são folhas de plástico muito duras e, após o sombreamento, a potência da célula 9 vai para zero num único módulo fotovoltaico, esta variação é mostrada nas tabelas abaixo.

Tabela 4.1 Caraterísticas de um módulo único quando nenhuma célula está sombreada

V (V)	I (amp)	P (w)	V (V)	I (amp)	P (W)
0	0.34	0.00	17.50	0.26	4.550
1	0.34	0.34	17.70	0.25	4.425
2.10	0.34	0.714	17.80	0.24	4.272
3.10	0.34	1.054	17.90	0.23	4.117
4.00	0.34	1.36	18.00	0.21	3.780
5.00	0.34	1.70	18.10	0.19	3.439
6.00	0.34	2.040	18.20	0.17	3.094
7.00	0.34	2.380	18.30	0.16	2.928
8.00	0.33	2.640	18.40	0.14	2.576
9.00	0.33	2.970	18.50	0.12	2.220
10.00	0.33	3.300	18.60	0.09	1.674
12.50	0.32	4.00	18.70	0.08	1.496
15.00	0.31	4.650	18.80	0.06	1.128
16.00	0.30	4.80	18.90	0.03	0.567
17.00	**0.29**	**4.930**	19.00	0.01	0.19
17.30	0.28	4.844	19.00	0.00	0.00
17.40	0.27	4.698			

(nota: os valores a negrito indicam o ponto de potência máxima)

Tabela 4.2 Caraterísticas de um módulo único quando 1 célula está sombreada

V (V)	I (amp)	P (w)	V (V)	I (amp)	P (W)
0.00	0.28	0.00	3.60	0.070	0.252
1.00	0.22	0.22	4.50	0.060	0.270
1.10	0.21	0.231	6.40	0.050	0.320
1.20	0.20	0.24	8.70	0.050	0.435
1.40	0.18	0.252	9.20	0.040	0.368
1.60	0.17	0.272	11.20	0.030	0.336
1.80	0.15	0.270	11.70	0.030	0.351
2.00	0.14	0.280	12.10	0.030	0.363
2.20	0.13	0.286	14.00	0.020	0.280
2.30	0.120	0.276	15.50	0.010	0.155
2.50	0.110	0.275	16.00	0.010	0.160
2.70	0.10	0.270	17.00	0.00	0.00
2.90	0.090	0.261	17.80	0.00	0.00
3.20	0.080	0.256			

Tabela 4.3 Caraterísticas do módulo único quando 2 células estão sombreadas

V (V)	I (amp)	P (w)	V (V)	I (amp)	P (W)
0.00	0.120	0.00	7.50	0.050	0.375
1.20	0.110	0.132	8.90	0.040	0.356
1.60	0.100	0.160	10.80	0.030	0.324
2.40	0.090	0.216	12.00	0.020	0.240
2.60	0.090	0.234	14.50	0.010	0.145
3.80	0.080	0.304	16.20	0.00	0.00
4.70	0.070	0.329	17.50	0.00	0.00
6.00	0.060	0.360			

Tabela 4.4 Caraterísticas do módulo único quando 4 células estão sombreadas

V (V)	I (amp)	P (w)	V (V)	I (amp)	P (W)
0.00	0.030	0.00	12.20	0.00	0.00
3.50	0.020	0.070	14.00	0.00	0.00
8.20	0.010	0.082			

Tabela 4.5 Caraterísticas de um módulo único quando 9 células são sombreadas l -wise e w -wise

V (V)	I (amp)	P (w)	V (V)	I (amp)	P (W)
0.00	0.00	0.00	0.00	0.00	0.00

Também podemos ver que a variação da curva P-V e I-V para as diferentes condições de sombreamento, como comprimento e largura, quando 9 células estão sombreadas. Para esta variação de sombreamento, utilizámos uma cobertura plástica de sombreamento para diferentes células do módulo fotovoltaico, como as de 1 célula, 2 células, 4 células e 9 células, e a variação das curvas P-V e I-V devido ao efeito de sombreamento no módulo solar fotovoltaico é apresentada na fig. 4.1 e na fig. 4.2.

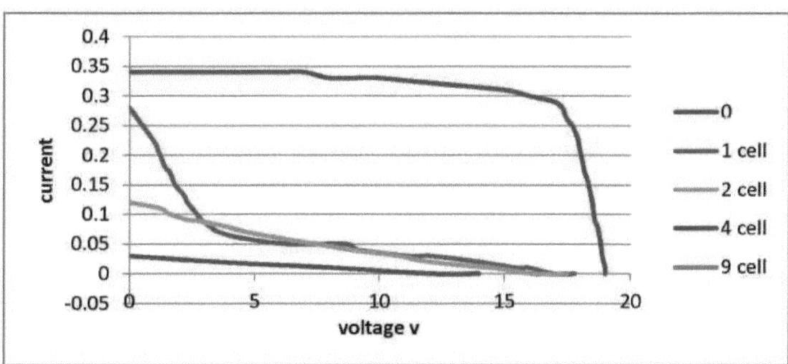

Fig. 4.1 Caraterísticas I-V de um módulo único com várias células sombreadas

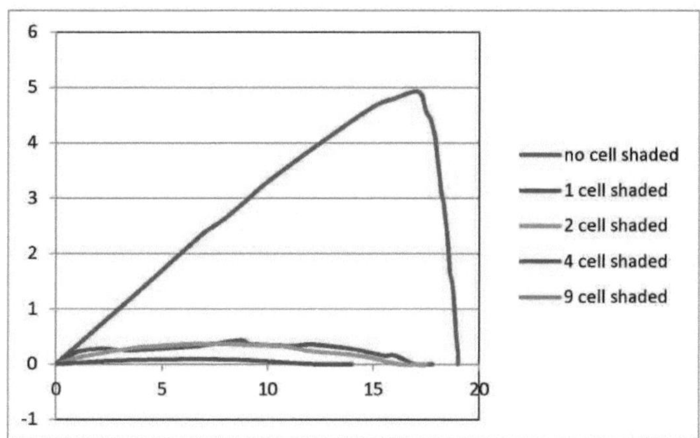

Fig. 4.2 Caraterísticas P-V de um módulo único com várias células sombreadas

Podemos ver que a variação do efeito de sombreamento na ligação em série de dois módulos fotovoltaicos sem utilizar um díodo de derivação para qualquer módulo. Após o sombreamento em termos de largura, a potência de 9 células vai para zero na ligação em série, mas com o sombreamento em termos de comprimento, é mostrada alguma potência de saída, sendo estas variações apresentadas nas tabelas abaixo.

Tabela 4.6 Caraterísticas de dois módulos ligados em série quando nenhuma célula está sombreada

(sem díodo de derivação)

V (V)	I (amp)	P (w)	V (V)	I (amp)	P (W)
0	0.31	0	37.10	0.16	5.936
20	0.30	6	37.20	0.15	5.580
26.5	0.29	7.68	37.30	0.14	5.222
32	0.28	8.96	37.50	0.13	4.875
34	**0.27**	**9.18**	**37.60**	0.12	4.512
35	0.26	9.10	37.70	0.11	4.147
35.7	0.25	8.92	37.80	0.10	3.780
35.9	0.24	8.61	37.90	0.09	3.411
36.1	0.23	8.30	38.00	0.06	2.280
36.2	0.22	7.96	38.10	0.05	1.905
36.5	0.21	7.66	38.20	0.04	1.528
36.7	0.20	7.34	38.30	0.03	1.149
36.8	0.19	6.99	38.40	0.02	0.768
36.9	0.18	6.64	38.40	0.01	0.384
37	0.17	6.29			

Tabela 4.7 Caraterísticas de dois módulos ligados em série quando 1 célula está sombreada (sem díodo de derivação)

V (V)	I (amp)	P (w)	V (V)	I (amp)	P (W)
0	0.31	0	26.50	0.13	3.445
8.70	0.30	2.61	27	0.12	3.24
15.20	0.29	4.408	27.5	0.11	3.025
20	0.27	5.40	27.90	0.10	2.79
21	**0.26**	**5.46**	28.30	0.09	2.547
21.50	0.25	5.375	28.90	0.08	2.312
22	0.24	5.28	29.50	0.07	2.065
22.50	0.23	5.175	30.50	0.06	1.83
23	0.22	5.06	31	0.05	1.55
23.50	0.21	4.935	32	0.04	1.28
23.80	0.20	4.76	33	0.03	0.99
24.30	0.19	4.617	34.70	0.02	0.694
24.60	0.18	4.428	35	0.02	0.70
24.90	0.17	4.233	36	0.01	0.36
25.20	0.16	4.032	36.30	0.01	0.363
25.90	0.15	3.885	36.40	0.01	0.364
26.20	0.14	3.668			

Tabela 4.8 Caraterísticas de dois módulos ligados em série quando 2 células estão sombreadas (sem díodo de bypass)

V (V)	I (amp)	P (w)	V (V)	I (amp)	P (W)
0	0.29	0	15.60	0.14	2.184
1.50	0.28	0.42	16.50	0.13	2.145
4.90	0.27	1.323	18	0.12	2.160
5.60	0.26	1.456	19	0.11	2.090
6.30	0.25	1.575	20.50	0.10	2.050

7.20	0.24	1.728	22.50	0.09	2.025
7.70	0.23	1.771	23	0.08	1.840
8.40	0.22	1.848	24.50	0.07	1.715
9.40	0.21	1.974	26	0.06	1.560
10.10	0.20	2.02	27.20	0.05	1.360
11.40	0.19	2.166	30	0.04	1.20
12.20	0.18	2.196	31.50	0.03	0.945
13	0.17	2.21	34	0.02	0.680
14	**0.16**	**2.24**	35	0.01	0.35
14.70	0.15	2.205	35.80	0.01	0.358

Tabela 4.9 Caraterísticas de dois módulos ligados em série quando 4 células estão sombreadas (sem díodo de derivação)

V (V)	I (amp)	P (w)	V (V)	I (amp)	P (W)
0	0.08	0	17.50	0.03	0.525
2.50	0.07	0.175	23	0.02	0.46
7	0.06	0.420	29	0.01	0.29
10.80	0.05	0.540	32.30	0	0
14	**0.04**	**0.560**			

Tabela 4.10 Caraterísticas de dois módulos ligados em série quando 9 células estão sombreadas e em w (sem díodo de bypass)

V (V)	I (amp)	P (w)	V (V)	I (amp)	P (W)
0	0.02	0	0	0.01	0
4.60	**0.01**	**0.046**	8	0	0
13.50	0	0	20.60	0	0
19.40	0	0			

Em segundo lugar, também podemos ver que a variação da curva P-V e I-V para as diferentes condições de sombreamento. Para esta variação de sombreamento, utilizámos uma cobertura plástica de sombreamento para diferentes células do módulo fotovoltaico, como uma célula, duas células, quatro células e nove células, e a variação da curva I-V e P-V devido ao efeito de sombreamento no módulo solar fotovoltaico é apresentada na fig. 4.3 e na fig. 4.4.

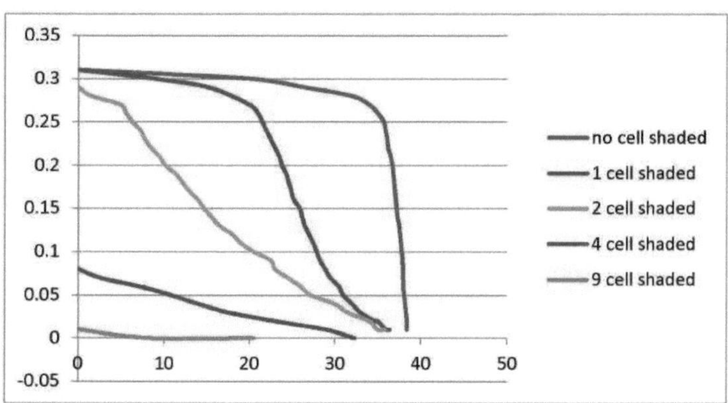

Fig. 4.31-Caraterísticas V de dois módulos ligados em série com várias células sombreadas (sem díodo de bypass)

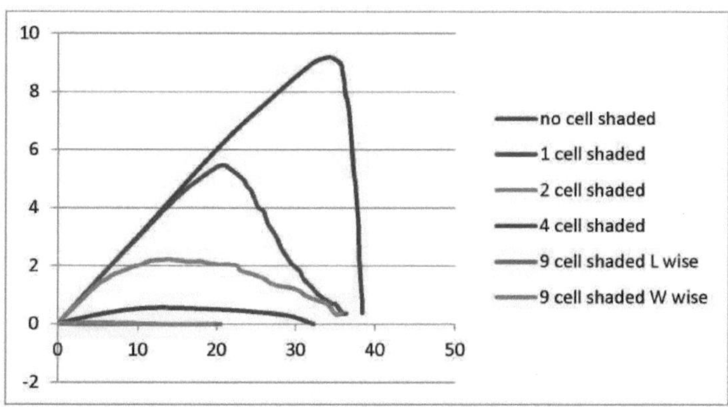

Fig. 4.4 Caraterísticas P-V de dois módulos ligados em série com várias células sombreado (sem díodo de derivação)

Podemos melhorar o desempenho energético do módulo ou sistema solar fotovoltaico na ligação em série utilizando um díodo de derivação quando estão presentes folhas de plástico ou sombra. Isto é mostrado na curva I-V e P-V na fig. 4.5 e na fig. 4.6.

Tabela 4.11 Caraterísticas de dois módulos ligados em série quando nenhuma célula está sombreada (com díodo de derivação)

V (V)	I (amp)	P (w)	V (V)	I (amp)	P (W)
0	0.35	0	38.50	0.10	3.85
12	0.33	3.96	38.60	0.080	3.088
29.90	0.31	9.269	38.70	0.070	2.709
35.80	**0.28**	**10.024**	38.80	0.050	1.94
36.70	0.25	9.175	38.90	0.040	1.556
37.30	0.21	7.833	38.90	0.030	1.167
37.70	0.17	6.409	38.90	0.020	0.778
38	0.15	5.70	39	0.010	0.39
38.20	0.12	4.584			

Tabela 4.12 Caraterísticas de dois módulos ligados em série quando 1 célula está sombreada (com díodo de bypass)

V (V)	I (amp)	P (w)	V (V)	I (amp)	P (W)
0	0.34	0	28	0.11	3.08
18	0.30	5.40	29	0.09	2.60
21.30	**0.27**	**5.751**	29.50	0.08	2.36
22.40	0.25	5.60	30.60	0.06	1.836
23	0.23	5.29	31.30	0.05	1.565
24.30	0.20	4.86	32.50	0.04	1.30
25.30	0.17	4.301	33.50	0.03	1.005
26	0.15	3.90	34.70	0.02	0.694
26.80	0.13	3.484	36	0.01	0.36
27.90	0.11	3.069	36.50	0.01	0.366

Tabela 4.13 Caraterísticas de dois módulos ligados em série quando 2 células estão sombreadas (com díodo de bypass)

V (V)	I (amp)	P (w)	V (V)	I (amp)	P (W)
0	0.34	0	23.30	0.080	1.864
10.10	0.32	3.232	24.10	0.070	1.687
15.10	**0.30**	**4.530**	26.10	0.060	1.566

17.20	0.26	4.472	27.30	0.050	1.365
17.50	0.23	4.025	29.50	0.040	1.180
17.70	0.20	3.54	30.50	0.030	0.915
18	0.16	2.88	32.50	0.020	0.650
18.40	0.12	2.208	34.50	0.010	0.345
20.60	0.10	2.06	35.80	0.010	0.358
21.60	0.09	1.962			

Tabela 4.14 Caraterísticas de dois módulos ligados em série quando 4 células estão sombreadas (com díodo de bypass)

V (V)	I (amp)	P (w)	V (V)	I (amp)	P (W)
0	0.35	0	18.30	0.08	1.464
10.33	0.33	3.4089	18.30	0.07	1.281
16.20	**0.30**	**4.86**	18.40	0.06	1.104
16.90	0.28	4.732	18.50	0.05	0.925
17.40	0.23	4.002	18.60	0.04	0.744
17.80	0.18	3.204	18.70	0.03	0.561
17.90	0.16	2.864	24.60	0.02	0.492
18	0.14	2.52	28.80	0.01	0.288
18.10	0.12	2.172	29.20	0.01	0.292
18.20	0.10	1.82	32.70	0.00	0
18.20	0.09	1.638			

Tabela 4.15 Caraterísticas de dois módulos ligados em série quando 9 células estão sombreadas em I e em W (com díodo de bypass)

V (V)	I (amp)	P (w)	V (V)	I (amp)	P (W)
0	0.340	0	0.00	0.36	0.000
1.80	0.340	0.612	6.40	0.35	2.20
12.90	0.320	4.128	9.90	0.34	3.366
14.70	0.310	4.557	13.40	0.33	4.422
16.20	**0.30**	**4.86**	14.50	0.31	4.495
16.90	0.270	4.563	**16**	**0.30**	**4.80**

17.20	0.250	4.30	16.30	0.29	4.727
17.40	0.240	4.176	16.90	0.27	4.563
17.60	0.20	3.52	17.10	0.25	4.275
17.80	0.170	3.026	17.30	0.24	4.152
18	0.150	2.70	17.50	0.22	3.85
18	0.130	2.34	17.60	0.20	3.52
18.10	0.120	2.172	17.70	0.18	3.186
18.20	0.10	1.82	17.90	0.16	2.864
18.30	0.080	1.464	18	0.14	2.52
18.40	0.060	1.104	18	0.13	2.24
18.40	0.040	0.736	18.10	0.11	1.991
18.50	0.040	0.740	18.20	0.010	1.820
18.50	0.030	0.555	18.30	0.08	1.464
18.50	0.020	0.370	18.30	0.07	1.281
18.60	0.010	0.186	18.40	0.05	0.920
18.70	0.00	0.00	18.50	0.03	0.555
19.50	0.00	0.00	18.50	0.02	0.370
			18.60	0.01	0.186
			18.70	0.00	0.00

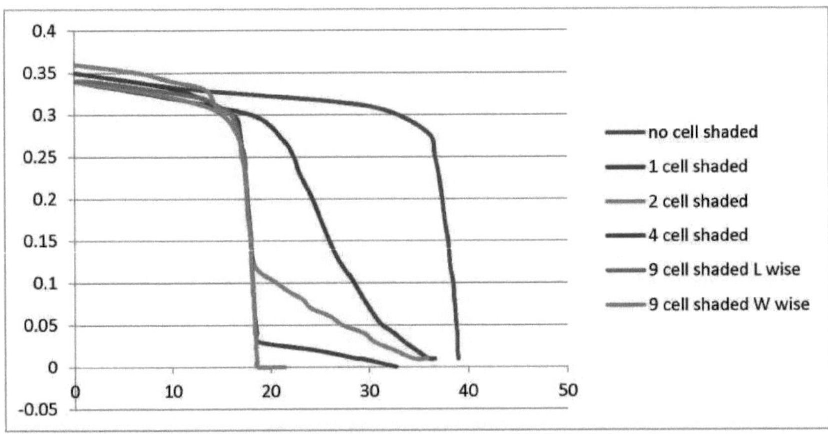

Fig. 4.51-Caraterísticas V de dois módulos ligados em série com várias células sombreadas (com díodo de bypass)

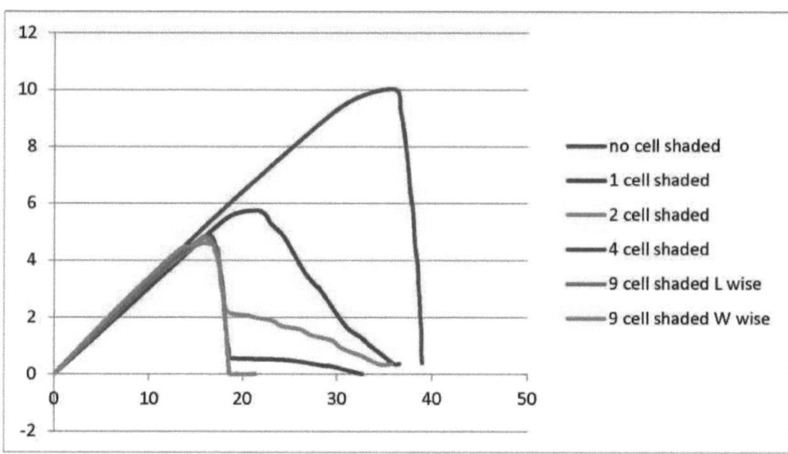

Fig. 4.6 Caraterísticas P-V de dois módulos ligados em série com várias células sombreadas (com díodo de bypass)

Vimos que, sob a condição de sombreamento de 9 células na ligação em série de ambos os módulos sem a utilização de díodos, a potência era zero, mas com a utilização de díodos sob a condição de sombreamento de 9 células, a potência não era zero porque um módulo produzia continuamente potência, sem qualquer condição de sombreamento.

Em segundo lugar, a ligação em paralelo do módulo fotovoltaico melhora principalmente a corrente, mas sob a condição de sombreamento a corrente pode circular e pode ser danificada, fazendo com que o ponto quente na célula e no módulo seja danificado. Na condição de sombreamento da ligação paralela, utilizámos folhas de plástico diferentes para as células 1, 2, 4 e 9 para o sombreamento. Também se pode ver que a potência é um pouco maior no caso do sombreamento de 9 células em função do comprimento do que no caso do sombreamento de 9 células em função da largura. Na ligação em paralelo, a potência não chega a zero porque, se sombrearmos o primeiro painel com folhas de plástico, o segundo painel produzirá continuamente corrente porque não tem sombreamento, mas a corrente pode circular do segundo para o primeiro painel devido à variação da corrente de alto para baixo, mas a potência não chega a zero. As curvas I-V e P-V da ligação em paralelo do módulo PV são apresentadas na fig. 4.7 e na fig. 4.8.

Tabela 4.16 Caraterísticas de dois módulos ligados em paralelo quando nenhuma célula está sombreada (sem díodo de derivação)

V (V)	I (amp)	P (W)	V (V)	I (amp)	P (W)
0.10	0.71	0.071	18.40	0.400	7.36
0.20	0.71	0.142	18.60	0.350	6.51
3.70	0.69	2.553	18.70	0.300	5.61
7.20	0.68	4.896	18.80	0.250	4.70
8.00	0.67	5.36	19.00	0.200	3.80
9.00	0.67	6.03	19.00	0.150	2.85
10.50	0.66	6.93	19.10	0.100	1.91
10.70	0.65	6.955	19.20	0.050	0.96
17.20	**0.60**	**10.32**	19.20	0.030	0.576
17.80	0.55	9.79	19.30	0.020	0.386
18.80	0.50	9.40	19.30	0.010	0.193
18.30	0.45	8.235	19.30	0.00	0.00

Tabela 4.17 Caraterísticas de dois módulos ligados em paralelo quando 1 célula está sombreada (sem díodo de bypass)

V (V)	I (amp)	P (W)	V (V)	I (amp)	P (W)
0.10	0.66	0.066	18.10	0.25	4.525
3.70	0.61	2.257	18.40	0.20	3.68
5.70	0.54	3.078	18.70	0.15	2.805
6.80	0.50	3.40	18.90	0.10	1.89
8.70	0.45	3.915	19.10	0.05	0.955
11.10	0.40	4.44	19.20	0.02	0.384
14.00	0.35	4.90	19.20	0.00	0.00
17.10	**0.30**	**5.13**			

Tabela 4.18 Caraterísticas de dois módulos ligados em paralelo quando 2 células estão sombreadas (sem díodo de bypass)

V (V)	I (amp)	P (W)	V (V)	I (amp)	P (W)
0.00	0.47	0	18.70	0.15	2.805
2.30	0.45	1.035	18.90	0.10	1.89
7.90	0.40	3.16	19.00	0.07	1.33
13.30	0.35	4.655	19.10	0.06	1.146
17.00	**0.30**	**5.10**	19.20	0.10	1.92
18.10	0.25	4.525	19.20	0.00	0.00
18.40	0.20	3.68			

Tabela 4.19 Caraterísticas de dois módulos ligados em paralelo quando 4 células estão sombreadas (sem díodo de bypass)

V (V)	I (amp)	P (W)	V (V)	I (amp)	P (W)
0.00	0.38	0.00	18.90	0.10	1.890
9.60	0.35	3.36	19.00	0.06	1.140
16.00	**0.31**	**4.96**	19.00	0.05	0.950
17.50	0.28	4.90	19.10	0.04	0.764
17.90	0.25	4.475	19.10	0.03	0.573
18.30	0.20	3.66	19.10	0.02	0.382
18.70	0.15	2.805	19.10	0.01	0.191
18.80	0.11	2.068	19.10	0.00	0.00

Tabela 4.20 Caraterísticas de dois módulos ligados em paralelo quando 9 células estão sombreadas no sentido I e no sentido W (sem díodo de bypass)

V (V)	I (amp)	P (W)	V (V)	I (amp)	P (W)
0.00	0.34	0.00	0.00	0.34	0.00
11.60	0.31	3.596	11.80	0.31	3.658
12.10	0.30	3.63	**16.30**	**0.28**	**4.564**
13.50	0.30	4.05	17.70	0.24	4.248
17.00	**0.27**	**4.59**	18.00	0.21	3.78
17.80	0.24	4.272	18.30	0.18	3.294
18.10	0.20	3.62	18.50	0.14	2.59

18.20	0.18	3.276	18.60	0.11	2.046
18.40	0.15	2.76	18.60	0.10	1.86
18.60	0.12	2.232	18.70	0.09	1.683
18.60	0.10	1.86	18.70	0.08	1.496
18.70	0.08	1.496	18.70	0.07	1.309
18.80	0.06	1.128	18.70	0.06	1.122
18.80	0.05	0.94	18.80	0.05	0.94
18.80	0.04	0.752	18.90	0.03	0.567
18.90	0.03	0.567	18.90	0.02	0.378
18.90	0.02	0.378	18.90	0.01	0.189
18.90	0.01	0.189	19.00	0.00	0.00
19.00	0.00	0.00			

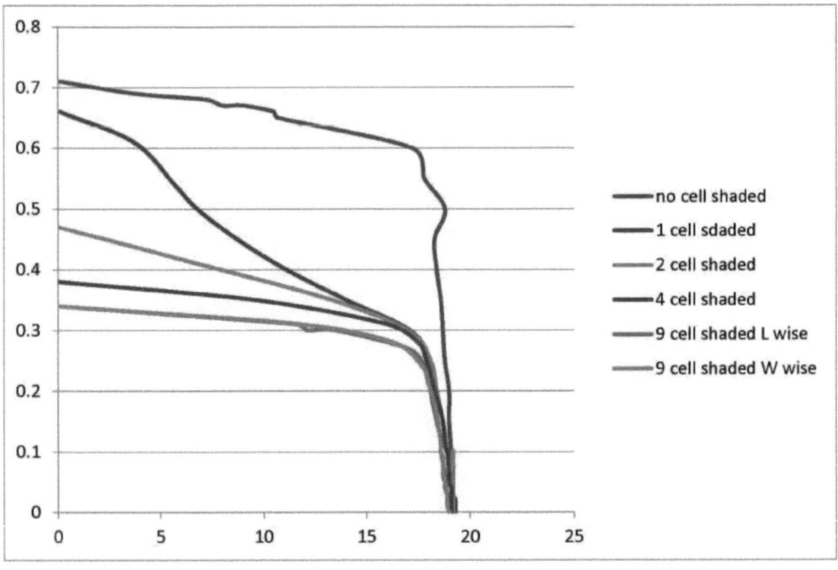

Fig. 4.7 Caraterísticas I-V de dois módulos ligados em paralelo com várias células sombreadas (sem díodo de bypass)

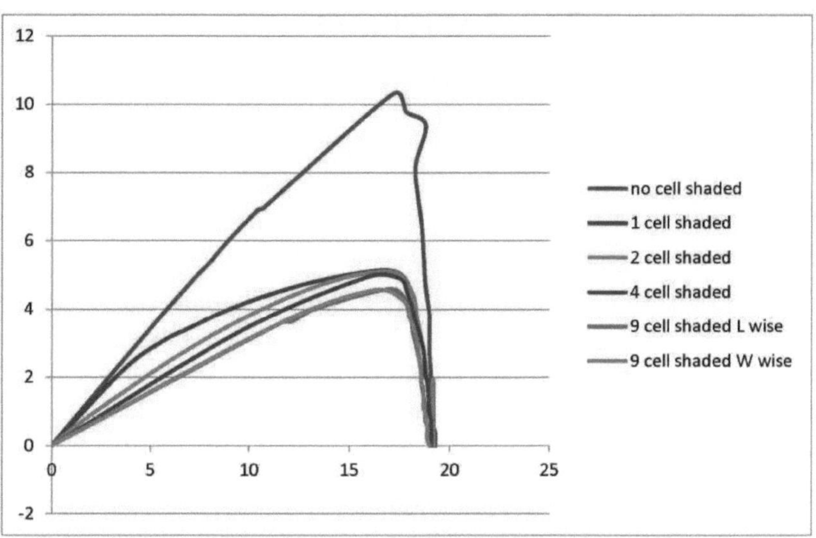

Fig. 4.8 Caraterísticas P-V de dois módulos ligados em paralelo com várias células sombreadas (sem díodo de bypass)

CAPÍTULO 5

RESUMO E CONCLUSÃO

O efeito do sombreamento das curvas P-V e I-V no módulo solar fotovoltaico e também clarificou o mecanismo fundamental de redução da potência de saída em condições de sombreamento em ligações em série e em paralelo. Ficou claro que a redução da potência depende da área sombreada ou da célula do painel solar fotovoltaico e esta investigação foi ilustrada por dados experimentais. Nesta experiência, a potência da ligação em série e da ligação em paralelo é comparada sob diferentes condições de sombreamento e também é apresentada a melhoria da potência sob condições de sombreamento utilizando um díodo de derivação na ligação em série. Este estudo também avalia que a potência máxima pode ser obtida a partir de módulos solares fotovoltaicos ligados em paralelo.

Em geral, a sombra num módulo ao longo do lado da largura causa uma maior queda de energia do que a sombra no módulo ao longo do lado do comprimento. Ajuda a minimizar as perdas de potência e o efeito da sombra no sistema solar fotovoltaico para os novos estudantes e para os investigadores.

A instalação dos módulos em locais sem qualquer obstrução será preferível. Assim, se a sombra não puder ser evitada, é aconselhável instalar os módulos fotovoltaicos de forma a que os módulos fiquem sombreados ao longo do seu lado do comprimento em vez do lado da respiração, para minimizar o efeito da sombra no desempenho do sistema fotovoltaico. A potência máxima de saída do módulo em várias condições de sombreamento é dada abaixo.

Tabela 5.1 Efeito do sombreamento num único módulo sem díodo de derivação

Sr. No.	Type of shading element	V_{mpp} (volt)	I_{mpp} (amp)	P_{mpp} (watt)
1	No cell shaded	17	0.290	4.930
2	Single cell shaded	8.70	0.050	0.435
3	Two cell shaded	7.50	0.050	0.375
4	Four cell shaded	8.20	0.010	0.082
5	Nine cell shaded	0.00	0.00	0.00

Tabela 5.2 Efeito do sombreamento em dois módulos ligados em série sem díodo de bypass

Sr. No.	Type of shading element	$V_{mp}p$ (volt)	$I_{mp}p$ (amp)	P_{mpp} (watt)
1	No cell shaded	34	0.27	9.18
2	Single cell shaded	21	0.26	5.46
3	Two cell shaded	14	0.16	2.24
4	Four cell shaded	14	0.040	0.56
5	Nine cell shaded I-wise	4.60	0.010	0.046
6	Nine cell shaded W-wise	8.00	0.00	0.00

Tabela 5.3 Efeito do sombreamento em dois módulos ligados em série com díodo de bypass

Sr. No.	Type of shading element	$V_{mp}p$ (volt)	$I_{mp}p$ (amp)	P_{mpp} (watt)
1	No cell shaded	35.80	0.28	10.024
2	Single cell shaded	21.30	0.27	5.751
3	Two cell shaded	15.10	0.30	4.53
4	Four cell shaded	16.20	0.30	4.86
5	Nine cell shaded I-wise	16.20	0.30	4.86
6	Nine cell shaded W-wise	16.00	0.30	4.80

Tabela 5 .4 Efeito do sombreamento em dois módulos ligados em paralelo sem díodo de derivação

Sr. No.	Type of shading element	$V_{mp}p$ (volt)	$I_{mp}p$ (amp)	P_{mpp} (watt)
1	No cell shaded	17.20	0.60	10.32
2	Single cell shaded	17.10	0.30	5.13
3	Two cell shaded	17.00	0.30	5.10
4	Four cell shaded	16.00	0.31	4.96
5	Nine cell shaded I-wise	17.00	0.27	4.59
6	Nine cell shaded W-wise	16.30	0.28	4.56

REFERÊNCIAS

Abdulazeez, M., Iskender. I., 2011. Simulação e estudo experimental do efeito de sombreamento em módulos fotovoltaicos fotovoltaicos ligados em série e em paralelo. Departamento de Engenharia Eléctrica e Eletrónica, Faculdade de Engenharia, Universidade de Gazi, Ancara, Turquia.

Briggs, D., Energy, E., 2012. Shade Impact: How Solar Systems Handle Sub-optimal Conditions, www.enphase.com.

Deline, C., 2009. "Partially shaded operation of a grid-tied PV system", 34.ª conferência de especialistas em energia fotovoltaica do IEEE, Filadélfia.

Ekpenyong, E.E, e Anyasi, F.I, 2013. Efeito do sombreamento na célula fotovoltaica. IOSR Journal of Electrical and Electronics Engineering (IOSR-JEEE) e-ISSN: 22781676, p-ISSN: 2320-3331, Volume 8, Edição 2 (Nov. - Dez. 2013), PP 01-06 www.iosrjournals.org.

Fialhoa, L., Melicioa, R., Mendesa, V.M.F., Figueiredoa, J., Collares-Pereiraa, M., 2013. Efeito do sombreamento em módulos solares em série: simulação e resultados experimentais conferência sobre eletrónica, Telecomunicações e Computadores - CETC.

Garcia, M., Maruri, J., Marroyo, L., Lorenzo, E., Perez, M., 2008. Sombreamento parcial, desempenho MPPT e configurações de inversores: Progress in photovoltaics: research and applications prog. Photovolt: Res. Appl.; 16:529-536.

Hanitsch, R. E., Schulz, D., Siegfried, U., 2001. Shading Effects on Output Power of Grid Connected Photovoltaic Generator Systems (Efeitos do sombreamento na potência de saída de sistemas geradores fotovoltaicos ligados à rede). Rev. Energ. Ren. : Power Engineering (2001) 93-99.

Karatepe, E., Hiyama, T., Boztepe, M., Colak, M., 2008. Sistema de compensação de potência baseado na tensão para sistemas de produção fotovoltaica em condições de insolação parcialmente sombreada. Conversão e Gestão de Energia 49 (2008)

2307-2316. *Referências*

Khalaf, Y., Ibraheem, O., Adil, M,, Mohammed, S., Qasim, M,, Waleed, K., 2014. Avaliação do ponto de potência máxima de módulos fotovoltaicos sob efeito de sombreamento. European Scientific Journal. vol.10, No.9 ISSN: 1857 - 7881 (Print) e - ISSN 1857- 7431.

Leμa, D., Cimpocaa, V., Stancub, A., Fluierarub, C., Bacinschib, Z., 2011.Si Photovoltaic Semiconductor Devices Operating in Total and Partial Illumination . Actas do Congresso Internacional sobre Avanços em Física Aplicada e Ciência dos Materiais, Antalya.

Mahrane , A., Guenounou, A., Smara, Z., Chikh, M., Lakehal, M.,2010. Banco de ensaio

para módulos fotovoltaicos EFEEA' 10 Simpósio Internacional sobre Energias Amigas do Ambiente em Aplicações Eléctricas, Ghardaıa, Argélia.

Maine, T., Bell, J., 2008. Extração máxima de energia de matrizes PVA parcialmente sombreadas. Faculdade de Ambiente Construído e Engenharia, Universidade de Tecnologia de Queensland, GPO Box 2434, Brisbane, Qld, 4001, Austrália.

Maki, A., Valkealahti, S., 2012. Perdas de potência em cadeias longas e cadeias curtas ligadas em paralelo de módulos fotovoltaicos baseados em silício ligados em série devido a condições de sombreamento parcial. IEEE transactions on energy conversion, vol. 27, no. 1.

Mermoud, André, Lejeune, Thibault, 2010. Sombreamentos parciais em matrizes fotovoltaicas: análise dos benefícios do díodo de by-pass. http://archive-ouverte.uni ge.ch/unige:39174.

Pandit, P., Chaurasia, P.B.L., 2014. Estudo experimental do efeito de sombreamento no módulo fotovoltaico e melhoria na potência usando diodo no módulo fotovoltaico em série e paralelo. Jornal Internacional de Ciência e Pesquisa (IJSR) ISSN.

Paraskevadaki, E., Papathanassiou, S., 2011. Avaliação IEEE da tensão e potência MPP de módulos PV mc-Si em condições de sombreamento parcial. Transacções IEEE sobre

conversão de energia, vol. 26, no. 3.

Ramabadran, R., 2009. Effect of Shading on Series and Parallel Connected Solar PV Modules www.ccsenet.org/journal.html vol. 3, No. 10 October 2009.

Ramaprabha, R., Dr. Mathur, B.L., 2009. Impacto do sombreamento parcial no módulo solar fotovoltaico que contém células ligadas em série. Revista Internacional de Tendências Recentes em Engenharia, vol. 2, n.º 7.

Ramaprabha, R., Mathur, B. L., 2012. Uma revisão abrangente e análise de configurações de matriz solar fotovoltaica em condições de sombra parcial. Hindawi Publishing Corporation International Journal of Photoenergy, Artigo ID 120214, 16 páginas doi:10.1155/2012/120214.

Sera, D., Baghzouz Y., 2008. On the Impact of Partial Shading on PV Output Power Publicado em: Proceedings ofRES'08.

Silvestre, S., Chouder, A., 2007. Efeitos do sombreamento no desempenho do módulo fotovoltaico progresso em fotovoltaica: pesquisa e aplicações. Prog. Photovolt: Res. Appl. Publicado online em Wiley InterScience (www.interscience.wiley.com) DOI: 10.1002/pip.780.

Sun, Y., Chen, S., Xie, L., Hong, R., Shen, H., 2014. Investigando o impacto do efeito de sombreamento nas caraterísticas de uma usina fotovoltaica conectada à rede em grande escala no noroeste da China. International Journal of Photoenergy volume 2014, artigo ID 763106,9pages.

Volker Quaschning, Rolf Hanitsch, 1995. "Cálculos de Sombra em Sistemas Fotovoltaicos" Conferência Mundial Solar da ISES - Harare/Zimbabué.

Printed by Books on Demand GmbH, Norderstedt / Germany